W. C. Röntgen

Zur Geschichte der Physik

bremen
university
press

W. C. Röntgen

Zur Geschichte der Physik

ISBN/EAN: 9783955622749

Auflage: 1

Erscheinungsjahr: 2013

Erscheinungsort: Bremen, Deutschland

Den Teilnehmern des IX. Internationalen Congresses für Radiologie 1959
in München ist diese Neuausgabe der Rektoratsrede Röntgens gewidmet.

Richard Seifert
Dr. rer. nat. h. c. Dr.-Ing. E. h.
Inhaber des Röntgenwerkes
Rich. Seifert & Co.

Zur

Geschichte der Physik

an der

Universität Würzburg.

<hr>

FESTREDE

zur

Feier des dreihundert und zwölften Stiftungstages

der

Julius-Maximilians-Universität

gehalten am

2ten Januar 1894

von

Dr. W. C. Röntgen,

ö. o. Professor der Physik, z. Z. Rector.

<hr>

WÜRZBURG.

DRUCK DER KGL. UNIVERSITÄTSDRUCKEREI VON H. STÜRTZ.

1894.

Hochansehnliche Versammlung!

In fünf Jahren werden $1^{1}/_{2}$ Jahrhunderte verstrichen sein, seitdem ein besonderer Lehrstuhl für das Fach, welches ich hier zu vertreten die Ehre habe, an unserer Hochschule errichtet wurde. Diese geschichtliche Erinnerung ist zum Theil die Veranlassung gewesen, weshalb ich an dem heutigen Tage den Blick auf die Vergangenheit richten und Ihnen Einiges über die Entwicklung der Physik an der Würzburger Universität mittheilen möchte.

Von einer Entwicklung kann erst die Rede sein um die Wende des 16. Jahrhunderts, denn bis dahin lag seit Aristoteles' Zeiten unsere Wissenschaft, abgesehen von einigen ganz localen und vereinzelten Regungen, in Todesstarre. Frisches Leben erhielt dieselbe erst durch die befruchtenden Ideen und das erfolgreiche Wirken einer Reihe von Männern, die wir als die Begründer der modernen Naturwissenschaft anzusehen haben. Ihre Zahl ist so gross und ihre Leistungen sind, wenn auch innerhalb verhältnissmässig kurzer Zeit entstanden, so erstaunlich vielseitig und zahlreich, dass ich mich darauf beschränken muss, nur die Namen von einigen dieser „Aristotelesstürmer" in Ihrem Gedächtniss zurückzurufen: Gilbert, Kepler, Galilei, Grimaldi, Descartes, von Guericke, Mariotte, Huygens, Newton.

Es dürfte nun von Interesse sein, zu untersuchen, in welcher Weise sich die neuen Anschauungen und Lehren bei uns einbürgerten und zwar um so mehr, als zu jener Zeit zwei Gelehrten an unserer Universität gewirkt haben, deren hohe geistige Begabung ausser aller Frage steht.

Es sind dies P. Anastasius Kircher und P. Caspar Schott. Anastasius Kircher wurde am 2. Mai 1602 zu Geisa geboren; seine erste Bildung erhielt er im Jesuitencolleg zu Fulda; im Jahre 1618 wurde er in den

Jesuitenorden zu Paderborn aufgenommen und die folgenden 11 Jahre widmete er in Coblenz, Mainz und Speier eifrigen Studien auf den verschiedensten Gebieten der Wissenschaft. Als ein Zeichen ungewöhnlicher Begabung darf es angesehen werden, dass er nach empfangener Priesterweihe bereits im jugendlichen Alter von 27 Jahren (1629) zum Professor der Philosophie (von der die Physik ein Theil bildete), der Mathematik und der hebräischen und syrischen Sprachen an die Universität Würzburg berufen wurde. Nur kurze Zeit wirkte er hier, denn schon im Jahre 1631 musste er vor den anrückenden Schweden flüchten. Nach einem Aufenthalt in Avignon und Lyon gelangte er nach Rom, wo er abgesehen von verschiedenen Reisen nach Malta, Egypten, Sicilien etc. bis zu seinem Tode im Jahre 1680 als Professor am Collegio romano blieb. Von seiner Anwesenheit in Rom zeugt noch heutzutage das von im gegründete, reichhaltige Museo Kirchereano.

Kircher war einer der bekanntesten und berühmtesten Leute seines Jahrhunderts; er erfreute sich der Gunst von Päbsten und katholischen Fürsten und wurde von ihnen in ungewöhnlichem Maasse bei seinen Bestrebungen unterstützt. Mit vielen der bedeutendsten Gelehrten seiner Zeit stand er in Briefwechsel und seinen Arbeiten wurde hohes Lob gespendet. So schrieb ihm u. A. der grosse Leibnitz: „Uebrigens wünsche ich dir, der Du der Unsterblichkeit würdig, wie dein Name es glückverkündend anzeigt, in kräftigem, jugendfrischem Alter die Unsterblichkeit, soweit sie den Menschen zu Theil werden kann.“

Nicht weniger als 44 Werke, fast alle in Folio zu Amsterdam gedruckt und mit schönen, sauberen Bildern geschmückt, hat uns Kircher hinterlassen. Sie enthalten Abhandlungen über Astronomie, Physik, Mathematik, Geologie, Geschichte, Archäologie, Politik, Religion, Technik, Sprachwissenschaft etc., kurz Abhandlungen aus den allerverschiedensten Gebieten der Wissenschaft. Ihre Verbreitung war trotz ihres hohen Preises ungemein gross, so dass einzelne Bände in mehrfachen Auflagen erscheinen mussten.

Kircher war ein Polyhistor im wahren Sinne des Wortes; staunenerregend ist die Menge seiner Kenntnisse und beim Durchblättern seiner Schriften haben wir häufig Gelegenheit, nicht nur die Vielseitigkeit seines Wissens und seiner Interessen, sondern auch den Scharfsinn, mit welchem er die verschiedensten Probleme anfasst und zu lösen versucht, zu bewundern.

Mit besonderer Vorliebe hat K i r c h e r sich physikalischen Fragen zugewendet. Von dem Jesuitenpater dürfen wir nun nicht erwarten, dass er sich den Ideen Galilei's anschliesst; das war ihm verboten. Doch lässt eine Aeusserung, die sich in seinem Buche Ars magnetica vorfindet, darauf schliessen, dass auch er von der mächtigen Strömung seiner Zeit ergriffen und ihr wenigstens zum Theil zu folgen bestrebt war. K i r c h e r sagt: „Die Natur lässt oft staunenswerthe Wunder selbst an den gewöhnlichsten Dingen hervortreten, welche jedoch nur von Leuten erkannt werden, die mit Scharfsinn und zum Forschen geschaffenem Sinne bei der Erfahrung, der Lehrmeisterin aller Dinge, sich Raths erholen."

Betrachten wir nun die wichtigsten Leistungen K i r c h e r 's auf physikalischem und verwandtem Gebiete etwas näher, um die Frage beantworten zu können, in wie weit es ihm gelungen ist, seinen Vorsatz, die Erfahrung als Lehrmeisterin zu nehmen, auszuführen.

K i r c h e r ist einer der ersten gewesen, der die sogenannten Nachbilder im Auge beschrieb und eine Erklärung dafür gab. Er erzählt, (Ars magna lucis et umbrae, 1. Ausg. p. 162, 2. Ausg. p. 119), dass ein gewisser Bonacursius ihm mitgetheilt habe, man könne unter Umständen auch im Dunkeln sehen, und dass er sich durch den folgenden Versuch von der Richtigkeit dieser Behauptung überzeugt habe. In einem nur mit einem kleinen, von der Sonne intensiv beschienenen Fenster versehenen Zimmer betrachte man eine Zeit lang dieses Fenster, welches mit einem durchsichtigen Papier, auf dem eine Zeichnung angebracht ist, bedeckt sei. Darauf lasse man das Zimmer vollständig verdunkeln, so werde man auf einem vor das Auge gehaltenen weissen Papierschirm zunächst eine Reihe von einander abwechselnden Farben, dann aber ein umgekehrtes, mitunter ein aufrechtes Bild der Zeichnung erblicken. Nach einiger Zeit verschwinde dieses Bild, um wieder verschiedenen Farben Platz zu machen, die allmählig abklingen.

An dieser Beschreibung ist erstens auffällig, dass sie, wenn auch im grossen und ganzen richtig, doch in einem wesentlichen Punkte unrichtig ist: nämlich darin, dass ein u m g e k e h r t e s Bild erscheint. Ein solches Bild erscheint niemals, sondern immer ein aufrechtes. Zweitens fällt es auf, dass K i r c h e r angibt, man müsse, um die Erscheinung zu sehen, ein weisses Papierblatt vor das Auge halten; denn der Versuch gelingt ebenso gut auch ohne dasselbe.

Woher kommen nun diese Incorrectheiten? Der Grund liegt meines Erachtens in Folgendem. Statt, wie es die heutige Methode der Naturforschung gebietet, eine Erscheinung zuerst in all ihren Details möglichst genau zu beobachten und dann eine Erklärung derselben zu versuchen, verfährt Kircher gewissermassen umgekehrt. Er hält als Anhänger der aristotelischen Schule seine Erklärung für wichtiger als die Beobachtung und passt, gewiss in der besten Absicht, die letztere der ersteren an.

Die Kircher'sche Erklärung der besprochenen Erscheinung geht nämlich von den Eigenschaften des kurz vorher in Bologna entdeckten und von ihm näher untersuchten „bononischen Steines" aus. Darunter verstand man ein im Kohlenfeuer geglühtes Stück Schwerspath, welches im Dunkeln leuchtet, nachdem es vorher dem Licht ausgesetzt war. Nach Kircher saugt dieser Körper während der Beleuchtung Licht auf, um dasselbe nachher im Dunkeln wieder auszustrahlen. Auch der Hintergrund des Auges besitze, meint Kircher, die Eigenschaft der Phosphorescenz, wie wir heutzutage sagen; und dieses von dem Auge im Dunkeln ausgestrahlte Licht, beleuchte das vorgehaltene Papier, wodurch auf demselben die verschiedenen beschriebenen optischen Erscheinungen sichtbar werden. Das Papier darf somit nicht fehlen, wenn die Erklärung passen soll. Folglich wird dasselbe auch bei der Beschreibung als erforderlich bezeichnet. — Mit Hülfe einer irrigen Vorstellung von der Strahlenbrechung im Auge construirt Kircher die Möglichkeit der Existenz eines umgekehrten Bildes; daher die Angabe, dass ein solches auch meistens gesehen wird, wiewohl sorgfältig wiederholte Beobachtungen unsern Autor darüber belehrt hätten, dass nur aufrechte Bilder wahrgenommen werden.

Dass eine solche Methode der Naturforschung auf falsche Bahnen führt brauche ich wohl kaum zu sagen. Wenn wir uns aber darüber wundern, dass ein so kluger Kopf wie Kircher seinen Fehler nicht entdeckt hat, so dürfen wir doch auch nicht vergessen, wie schwer es jedem Menschen fällt, den gewohnten Gedankenlauf zu ändern, und dass es auch in unseren Tagen, wo wir doch alle von der Ueberlegenheit der inductiven Methode überzeugt sind, nicht so gar selten vorkommt, dass ein Naturforscher sich bei seinen Arbeiten von vorgefassten Meinungen nicht ganz hat befreien können, oder einer bevorzugten Hypothese zu Liebe der Natur einen kleinen Zwang angethan hat.

Wir finden bei Kircher noch ein anderes in dieser Beziehung sehr lehrreiches Beispiel.

Kircher beschäftigte sich mit der zu seiner Zeit viel erörterten, und erst nach ihm von Mariotte richtig beantworteten Frage nach der Ursache der Wasserquellen auf der Erde. Er meint das poröse Erdreich sauge das Wasser aus dem Meere auf und führe dasselbe durch Capillarattraction an die höher gelegenen Stellen, wo die Quelle entspringt. Als sogenannten „Beweis" für seine Annahme führt er einen Versuch an (Mundus subterraneus I, p. 260). Man nehme einen getrockneten Gypscylinder, höhle denselben oben schalenförmig aus und stelle ihn aufrecht so in ein mit Wasser gefülltes Gefäss, dass der untere Querschnitt die Wasseroberfläche berühre; alsdann werde man nach einiger Zeit finden, dass die Höhlung mit Wasser gefüllt sei, welches von Zeit zu Zeit abgeschöpft werden könne. Nun ist aber kaum ein anderer Versuch so geeignet, um die Unhaltbarkeit der Kircher'schen Erklärung zu beweisen, als der angeführte; denn macht man ihn, so findet man, dass sich unter den angegebenen Verhältnissen niemals Wasser in der Höhlung ansammelt, was auch nach unseren Kenntnissen von den Capillarerscheinungen unmöglich wäre.

Wie liegt nun hier die Sache? An eine absichtliche Täuschung von Seiten des Autors brauchen wir nicht zu denken. Kircher ist vielmehr von seiner Theorie so sehr eingenommen, und dieselbe passt so gut in das System seiner geologischen Ansichten, dass er auch von dem Gelingen des mitgetheilten Versuches, den er wohl niemals angestellt hat, fest überzeugt ist.

Zur Zeit Kircher's hatten erst nur wenige Forscher den hohen Werth des Experiments erkannt, und vielen diente dasselbe zur Ausschmückung dieser oder jener Hypothese, oder gar blos zur Unterhaltung. Erst allmählig drang die Ueberzeugung durch, dass das Experiment der mächtigste und zuverlässigste Hebel ist, durch den wir der Natur ihre Geheimnisse abringen können, und dass dasselbe die höchste Instanz bilden muss für die Entscheidung der Frage, ob eine Hypothese beizubehalten oder zu verwerfen sei. Die fast immer vorhandene Möglichkeit die Resultate der Gedankenarbeit mit der Wirklichkeit vergleichen zu können, gibt dem experimentirenden Naturforscher die erforderliche Sicherheit. Stimmt das Resultat nicht mit der Wirklichkeit, so ist dasselbe nothwendig falsch, und wenn die Speculationen, die zu demselben führten, auch noch so geistreich waren. Man wird in dieser Nothwendigkeit vielleicht eine gewisse Härte erblicken, wenn man erwägt, mit wie viel Aufwand an geistiger Arbeit und Zeit mitunter das Resultat erhalten und wie viel heisse Hoffnungen mit ihm vernichtet wurden. Indessen schätzt sich der Forscher auf dem Gebiete der Naturwissenschaften doch glücklich einen solchen Prüfstein zu besitzen, wenn ihm derselbe auch manchmal grosse Enttäuschungen bereitet.

Kircher gibt sich aus für den Erfinder der laterna magica. In der ersten Auflage seines grossen Werkes über das Licht und den Schatten finden wir nichts darüber, wohl aber in der zweiten p. 768. Das betreffende Capitel fängt mit der Mittheilung an, dass ein gelehrter Däne Thomas Walgensteuius in Rom einen solchen Apparat gezeigt und damit ungeheures Aufsehen erreicht habe; er selbst aber hätte einen ähnlichen schon seit längerer Zeit construirt. Auffällig ist nun, dass in der beigefügten saubern Zeichnung die Hauptlinse, die Projectionslinse fehlt und man ist schon deshalb wenig geneigt, den Prioritäts-anspruch Kircher's anzuerkennen. Man entschliesst sich aber um so weniger dazu, wenn man weiss, dass Kircher es nicht immer in dieser Beziehung so sehr genau nahm; so beruft er sich z. B. bei derselben Gelegenheit auf die von ihm gegebene Beschreibung der Camera obscura, die aber nichts darüber ent-hält, dass dieses für die Theorie des Sehens so wichtige Instrument schon im Jahre 1558 von dem P. Joh. Bapt. Porta in Neapel beschrieben wurde. Porta hat bereits mittelst der Camera obscura auf Glas gemalte, von der Sonne intensiv beleuchtete Bilder projicirt (ein Versuch, der ihn in den damals nicht unge-fährlichen Ruf der Zauberei brachte); folglich würde dem P. Kircher, selbst wenn er der erste Verfertiger der Zauberlaterne wäre, doch nur ein bescheidenes Verdienst zufallen, nämlich die Sonne beim Porta'schen Versuch durch eine künstliche Lichtquelle ersetzt zu haben.

Der Name Zauberlaterne, wie auch die vielen ähnlichen, wie Zauber-spiegel, Zaubertrichter, Zauberbrunnen u. s. w. stammen aus der Zeit Kircher's, wo die sogenannte „natürliche Magie", jenes Bestreben der Wissenschaft ein ma-gisches Mäntelchen umzuhängen und mit Zurücksetzung einer streng wissen-schaftlichen Forschung nur das Auffallende an der Erscheinung besonders hervorzuheben in hoher Blüthe stand. Auch Kircher hat sich mit ihr sehr· beschäftigt, so hält er z. B. die Zauberlaterne für sehr geeignet, um die Gottlosen durch rechtzeitige Vorführung einer Abbildung des Teufels zur Einkehr zu bringen.

Auf dem Gebiete des Magnetismus hat Kircher fleissig gesammelt und unsere Kenntnisse mit einigen neuen Thatsachen bereichert. (Vergl. De arte magnetica.) Darunter gehört die Beobachtung, dass ein Ausbruch des Vesuv's von einer· starken Aenderung der Declination der Magnetnadel begleitet war, und eine Methode mittelst der Wage die Stärke eines Magneten zu bestimmen. Auch theilt uns Kircher mit, dass zwei von einander ziemlich weit entfernte Personen sich gegenseitig mit Hülfe von zwei Magnetnadeln verständigen könnten, indem der Eine seine Magnetnadel in verschiedene Stellungen bringt und dadurch verschiedene Ablenkungen der zweiten Nadel erzeugt. Wenn sich Kircher auch über die Entfernung, in welcher die gegenseitige Wirkung der Magnete noch merklich ist, täuscht; so ist der Vorschlag an und für sich doch gewiss geistreich, und man könnte in demselben mit einigem guten Willen die erste Anregung erblicken zu der Construction unserer heutigen Telegraphen. Indessen ist doch zu beachten, dass auch abgesehen von dem fundamentalen Unterschied in dem Kircher'schen Verfahren und dem, was wir jetzt beim Telegraphiren verwenden, meistens, aber namentlich in diesem Fall, zwischen einem unpraktischen Vorschlag und einer zweckentsprechenden Ausführung ein langer mühevoller Weg liegt. Ob Kircher selbstständig auf den Gedanken gekommen ist, zwei Magnete zu dem angegebenen Zweck zu verwenden, muss wiederum zweifelhaft bleiben, denn derselbe findet sich bereits in einem sieben Jahre vor dem Kircher'schen Buch gedruckten Werk von Leurechon „Recréations mathématiques" ausgesprochen.

Die angeführten Proben von den physikalischen Leistungen Kircher's mögen genügen, um sich ein ungefähres Bild von ihrer Bedeutung zu verschaffen und um Ihnen zu zeigen, dass die bahnbrechenden Ideen und Arbeiten seiner Vorgänger und Zeitgenossen in ihm keinen Vorkämpfer und Vermehrer fanden.

Goethe erwähnt in seiner Farbenlehre die sich an Aristoteles anlehnende Ansicht Kircher's, dass die Farbe als Eigenschaft der dunklen Körper ein beschattetes Licht, „des Lichtes und des Schattens ächter Ausgeburt" sei und nennt Kircher einen „eifrigen und geistreichen Sammler". Diesem Urtheil möchte ich voll und ganz beipflichten und nur noch hinzufügen, dass, wenn Kircher auch wenig durch selbständige Entdeckungen zur Entwickelung der Physik beitrug, er doch fördernd gewirkt hat, indem er durch seine Schriften den physikalischen Kenntnissen eine weite Verbreitung verschaffte und die einflussreichsten Kreise für physikalische Untersuchungen lebhaft interessirte.

Um Ihnen den Unterschied zu zeigen, der zwischen der bequemen aber wenig fruchtbaren Methode der Naturforschung besteht, welche Kircher befolgte und der Art und Weise, wie nützliche Entdeckungen und Erfindungen gemacht werden, möchte ich eine darauf bezügliche Aeusserung des jüngst verstorbenen Werner von Siemens an dieser Stelle einschalten. Siemens sagt in seinen „Lebenserinnerungen": „Das Gedankenleben bereitet uns mitunter vielleicht die reinsten und erhebendsten Freuden, denen der Mensch fähig ist. Wenn ein dem Geiste bisher nur dunkel vorschwebendes Naturgesetz plötzlich klar aus dem es verhüllenden Nebel hervortritt, wenn der Schlüssel zu einer lange gesuchten mechanischen Combination gefunden ist, wenn das fehlende Glied einer Gedankenkette sich glücklich einfügt, so gewährt dies dem Erfinder das erhebende Gefühl eines errungenen geistigen Sieges, welches ihn allein schon für alle Mühen des Kampfes reichlich entschädigt und ihn für den Augenblick auf eine höhere Stufe des Daseins erhebt. Freilich dauert der Freudentaumel in der Regel nicht lange. Die Selbstkritik entdeckt gewöhnlich bald einen dunkel gebliebenen Fleck in der Entdeckung, der ihre Wahrheit zweifelhaft macht oder sie wenigstens eng begrenzt, sie deckt einen Fehlschluss auf, in dem man befangen war, oder, und das ist leider fast die Regel, sie führt zu der Erkenntniss, dass man nur Altbekanntes in neuem Gewande gefunden hat. Erst wenn die strenge Selbstkritik einen gesunden Kern übrig gelassen hat, beginnt die regelrechte, schwere Arbeit der Ausbildung und Durchführung der Erfindung und dann der Kampf für ihre Einführung in das wissenschaftliche oder technische Leben, in dem die meisten schliesslich zu Grunde gehen. Das Entdecken und Erfinden bringt daher Stunden höchsten Genusses, aber auch Stunden grösster Enttäuschung und harter, fruchtloser Arbeit. Das Publicum beachtet in der Regel nur die wenigen Fälle, wo glückliche Erfinder mühelos auf eine nützliche Idee gefallen und durch ihre Ausbeutung ohne viel Arbeit zu Ruhm und Reichthum gelangt sind, oder die Klasse der erwerbsmässigen Erfindungsjäger, die es sich zur Lebensaufgabe machen, nach technischen Anwendungen bekannter Dinge zu suchen und sich dieselben durch Patente zu sichern. Aber nicht diese Erfinder sind es, welche der Entwickelung der Menschheit neue Bahnen eröffnen, die sie voraussichtlich zu vollkommeneren und glücklicheren Zuständen führen werden, sondern die, welche — sei es in stiller Gelehrtenarbeit, sei es im Getümmel technischer Thätigkeit — ihr ganzes Sein und Denken dieser Fortentwickelung um ihrer selbst willen widmen."

Von dem ersten Nachfolger Kircher's P. Georg Menzel ist uns blos der Name bekannt, dagegen finden wir in dem zweiten wieder einen Gelehrten, auf dessen Besitz die Universität stolz war. Es ist dies P. Caspar Schott, geboren 1608 zu Königshofen. Er studierte in Würzburg und lernte hier Kircher kennen, mit dem er sich eng befreundete. Als Jesuit musste er gleichzeitig mit seinem Freunde vor den Schweden flüchten, worauf er in Palermo eine Anstellung als Lehrer erhielt. Gegen 1655 finden wir ihn als Professor der Mathematik an dem mit der Universität verbundenen Gymnasium in Würzburg, welche Stellung er bis zu seinem Tode im Jahre 1666 behielt.

Schott trat in die Fussstapfen seines Lehrers Kircher, beschränkte sich aber bei seinen Studien mehr auf Physik, Mathematik und einige medicinische Fragen, deren Resultate in zehn meistens sehr umfangreichen Werken veröffentlicht wurden. Diese Schriften haben seinen Namen weit verbreitet, wiewohl darin eigene, einigermassen ins Gewicht fallende Erfindungen und Entdeckungen kaum enthalten sind.

Für den Physiker ist das 1657 in Würzburg gedruckte Buch Mechanica hydraulico-pneumatica von besonderem Interesse, weil in demselben die hochbedeutende, um das Jahr 1646 von dem Magdeburger Bürgermeister Otto von Guericke gemachte Erfindung, die Luftpumpe, zum ersten Mal beschrieben ist (p. 444). Diese Erfindung, sowie die im Jahre 1643 von Torricelli ausgeführte Construction des Barometers gaben den mächtigen Anstoss zu den bald folgenden Untersuchungen über die Eigenschaften der Gase; und so ist es namentlich das genannte Schott'sche Buch mit den darin beschriebenen Versuchen, welches den englischen Physiker Boyle zu seinen wichtigen Arbeiten über die Elasticität der atmosphärischen Luft Veranlassung gab.

Schott war Beichtvater des Fürstbischofs Johann Philipp von Schönborn, eines der intelligentesten und rührigsten Fürsten seiner Zeit. Dieser hatte 1654 die von Guericke einer grossen Versammlung von Fürsten in Regensburg öffentlich vorgeführten Experimente mit der Luftpumpe gesehen und von der Wichtigkeit der Sache durchdrungen und zu ungeduldig, um die Anfertigung neuer Instrumente abzuwarten, gleich die ganze Sammlung von Apparaten gekauft und dieselbe nach Würzburg schaffen lassen. Hier wurden dann die Versuche den Professoren und anderen geladenen Gästen bald gezeigt, und so bekam auch Schott die Pumpe zu sehen, und war ihm Gelegenheit gegeben, mit ihr Versuche anzustellen.

Schott dürfte der Erste gewesen sein, der den Einfluss des veränderten Luftdruckes auf das thierische Leben untersuchte; sonst aber ist bei seinen mannigfachen Versuchen mit der Luftpumpe nicht viel herausgekommen. Er hat sich nicht die Ueberzeugung verschaffen können, dass nunmehr die lange Herrschaft der Wahnvorstellung vom „horror vacui" ein Ende haben musste, und hat dieselbe Guericke gegenüber lebhaft zu vertheidigen versucht.

Wir finden somit bei Schott ähnliche Züge wie bei Kircher: Auch er war, wie dieser, ein sehr kenntnissreicher und äusserst fleissiger Mann, allein auch er hat die Zeichen seiner grossen Zeit zu wenig erkannt. Wir sehen mit Bedauern, wieviel Geist und Scharfsinn Schott auf die natürliche Magie und ähnliche unfruchtbare Dinge verwendet, zu einer Zeit, wo der jugendfrische Baum der physikalischen Wissenschaft von den verschiedensten Seiten Nahrung erhielt und sich deshalb rasch und kräftig entwickelte.

Doch wollen wir andererseits nicht verkennen, dass das Wirken beider Männer auf die Verhältnisse unserer Universität durch lange Jahre hindurch einen fördernden Einfluss ausgeübt, und viel dazu beigetragen hat, dass auch noch lange nach ihrem Tode dem Studium der Mathematik und der Physik von Seiten der regierenden Fürsten eine besondere Fürsorge gewidmet wurde.

Als ein Zeichen dieser Fürsorge dürfen wir die Thatsache betrachten, dass Würzburg eine der allerersten Universitäten gewesen ist, an welcher sich die Trennung der Physik von der Philosophie durch die Errichtung einer besonderen Professur für Experimentalphysik unter der Regierung des Fürstbischofs Karl Philipp von Greiffenklau im Jahre 1749 auch äusserlich vollzog. Bald darauf, im

Jahre 1773, wurde vom Fürstbischof A d a m F r i e d r i c h v o n S e i n s h e i m ausserdem eine Professur für theoretische (mathematische) Physik gegründet, welche aber leider bereits nach kurzer Zeit, etwa 25 Jahren, wohl in Folge der ungünstigen Zeitverhältnisse wieder einging und seither nicht wieder errichtet wurde. Deshalb ist Würzburg, das fast allen anderen deutschen Universitäten in der Pflege der Physik vorangegangen war, im Augenblicke fast die einzige Universität, an welcher nur eine Professur für Physik besteht. Indessen hegen wir angesichts der hocherfreulichen Thatsache, dass die k. Staatsregierung in diesem Jahre ein Postulat für ein Extraordinariat für theorethische Physik in das Budget der nächsten Finanzperiode eingesetzt hat, die begründete Hoffnung, dass dieser Ausnahmestellung Würzburgs demnächst ein Ende gemacht wird. Mögen neben der Erkenntniss, dass eine empfindliche Lücke in unserem Lehrkörper auszufüllen ist, auch die alten, guten Traditionen Würzburgs bestimmend auf das vom bayerischen Landtag abzugebende Votum einwirken.

Fast genau 200 Jahre nach dem Tode S c h o t t 's sollte der Lehrstuhl für Physik an unserer Hochschule wieder durch einen Mann besetzt werden, dessen Name weit über die Grenzen seines Vaterlandes bekannt wurde, dessen Wirken aber ungleich fruchtbarer war, als das seiner beiden Vorgänger aus dem 17. Jahrhundert. Mit ihm, kann man wohl sagen, hat erst die moderne Physik in Würzburg ihren Einzug gehalten; er war der erste, der nicht nur voll und ganz auf der Höhe seiner Wissenschaft stand, sondern der auch selbst viel dazu beigetragen hat, dass diese Höhe erreicht wurde. Manche von uns haben R u d o l f J u l i u s E m a n u e l C l a u s i u s persönlich gekannt, und ich selbst darf mich glücklich schätzen, seine Vorträge über mechanische Wärmetheorie in Zürich gehört zu haben.

Es ist nicht meine Aufgabe Ihnen die wissenschaftliche Bedeutung von C l a u s i u s zu schildern, das ist erst vor Kurzem von anderer Seite geschehen; doch darf ich wohl erwähnen, dass sein Name unzertrennlich für alle Zeiten verbunden bleibt mit den Fortschritten auf dem Gebiete der Wärmelehre, die die gesammte Naturforschung in durchaus neue Bahnen geleitet haben. Die deutschen Physiker waren mit Recht stolz auf ihr glänzendes Fünfgestirn, F. N e u m a n n, W. W e b e r, H. H e l m h o l t z, R. C l a u s i u s und G. K i r c h - h o f f, und der Gedanke, dasselbe durch lange Jahre hindurch besessen zu haben, versöhnt uns einigermassen mit der betrübenden Wahrheit, dass Deutschland bis zu Anfang der dreissiger Jahre unseres Jahrhunderts sich -nur relativ wenig an den grossen Fortschritten auf physikalischem Gebiet betheiligt hatte.

Werfen wir nun zum Schluss noch einen kurzen Blick auf die ältere Geschichte des physikalischen Instituts. Ein physikalisches „Museum" hat wohl schon seit sehr langer Zeit bestanden, doch stammt die erste genauere Nachricht darüber erst aus dem Jahr 1749 und besagt, dass dasselbe eine sehr bedeutende Bereicherung erhielt durch die von P. Blasius Henner auf seinen Reisen durch Frankreich und Holland gekauften, sowie hier und in Augsburg neu angefertigten Instrumente. Henner war der erste Professor auf dem neu errichteten Lehrstuhl für Experimentalphysik. Bis zum Jahr 1782 bestand das Museum aus einem grossen Saal mit 15 hohen Glasschränken, in welchen die Apparate untergebracht waren.

Unter der Regierung des Fürstbischofs Franz Ludwig von Erthal wurde dann in dem genannten Jahre von dem Professor P. Ambrosius Egell ein besonderer Raum für electrische Versuche eingerichtet und mit neuen Apparaten ausgestattet. Es befanden sich darin grosse Electrophore, sieben Electrisirmaschinen verschiedener Grösse und Construction, eine electrische Batterie aus drei grossen Leydner Flaschen bestehend, ein electrisches Glockenspiel u. s. w. „Alle Maschinen können zu gleicher Zeit spielen" heisst es bei Bönicke.

Das Prunkstück aber der Sammlung war unzweifelhaft das berühmte zuerst in der Universitätsbibliothek aufgestellte, dann dem physikalischen Cabinet übergebene Planetarium von Georg Nestfell. Dasselbe war für Würzburg von dem Fürstbischof Adam Friedrich von Seinsheim um den Preis von 4000 fl. angeschafft worden und vereinigte in sich in der That „Kunst und Pracht". Ein zweites Exemplar dieses schönen Werkes wurde von Kaiser Franz für die kaiserliche Bibliothek in Wien bestellt und der Verfertiger erhielt dafür ein Diplom als kais. Hofrath, eine goldene Kette und ein jährliches Gehalt. Unter einem grossen achteckigen aus geschliffenen Glasplatten zusammengesetzten Dache war die Bewegung der Planeten um die Sonne zu sehen; kunstreich geschnitzte Holzfiguren, das Wappen des Bischofs verzierten das Gehäuse. Dieses Inventarstück der physikalischen Sammlung wurde 1877 um den Preis von ungefähr 700 fl. dem Nationalmuseum zu München überlassen und ist dort seitdem aufgestellt.

Für die Anschaffung dieses Planetariums sowie der erwähnten electrischen Apparate sind grosse Summen Geld verwendet worden. Ich glaube nicht zu irren, wenn ich die Möglichkeit, so viel Geld für Anschaffung wissenschaftlicher Instrumente auszugeben, zum grössten Theil dem Einfluss eines Mannes zuschreibe, der in vielfacher Weise bekundet hat, dass er für unsere Universität ein warmes Herz hatte und ihre Bedürfnisse kannte: ich meine den langjährigen Rector der Universität und späteren Fürstprimas Karl Theodor von Dalberg. Von Franz Ludwig aufgefordert, sich über die Frage, durch welche Mittel eine Förderung der Universität zu erreichen sei, zu äussern, antwortete er ebenso freimüthig wie treffend in einem Rectoratsbericht vom 2. Juli 1785: „In Betreff der Universität habe ich gute Hoffnung, dass sie aufblühen werde, wenn man die rechten Mittel anwendet. Diese sind nach meiner Ueberzeugung: Freiheit, Ehre und Geld. In Betreff der beiden ersteren Punkte behalte ich mir vor, ein gehorsamstes Gutachten zu erstatten.“

Das sind in Wahrheit goldene Worte!

Leider ist dieses Gutachten nicht bekannt geworden, so dass wir nicht genau erfahren, was Dalberg mit dem zweiten Factor — Ehre — gemeint hat. Schwerlich Ehrbezeugungen in der Form von Titeln und ähnlichen Auszeichnungen; dagegen werden wir wohl nicht weit fehlgehen, wenn wir annehmen, er habe etwa Folgendes gewünscht. Die Unterhaltung und Förderung der Universität möge vom Fürsten und seinen Berathern als eine Ehrensache aufgefasst und nicht blos danach bemessen werden, wie viel brauchbare Beamte, Aerzte u. s. w. jährlich auf derselben ausgebildet werden. Denn die Universität ist eine Pflanzschule wissenschaftlicher Forschung und geistiger Bildung, eine Pflegestelle idealer Bestrebungen für die Studierenden sowohl, als für die Lehrer. Ihre Bedeutung als solche steht weit höher als ihr praktischer Nutzen, und aus diesem Grunde möge auch darauf gesehen werden, dass bei Neubesetzung vacanter Stellen Männer gewählt werden, die namentlich als Forscher und Förderer ihrer Wissenschaft und nicht nur als Lehrer sich bewährt haben, indem jeder ächte Forscher, auf welchem Gebiet es auch sei, der es nur Ernst nimmt mit seiner Aufgabe, im Grunde genommen rein ideale Ziele verfolgt und ein Idealist ist im guten Sinne des Wortes.

Doch glaube ich, hat Dalberg noch Weiteres im Auge gehabt, da er die Ehre als einen Factor bezeichnete, geeignet, das Ansehen einer Universität zu heben. Er hat auch sicher gefordert, dass Lehrer und Studierende der Hochschule es sich zu einer Ehre anrechnen sollten, Angehörige dieser Corporation zu sein. Er hat Standesgefühl gefordert: nicht professoralen Dünkel und Exclusivität oder studentische Anmassung, die alle aus Selbstüberschätzung erwachsen sind, sondern das lebhafte Bewusstsein, einem bevorzugten Stande anzugehören, der manche Rechte gibt, aber namentlich auch viele Pflichten auferlegt. Unser aller Ehrgeiz soll auf treue Pflichterfüllung Anderen und uns selbst gegenüber gerichtet sein, dann wird unsere Universität geachtet werden, dann zeigen wir uns des Besitzes der academischen Freiheit würdig, dann wird uns dieses kostbare, unentbehrliche Geschenk erhalten bleiben.

Ich schliesse meinen Vortrag in der Hoffnung, dass die drei, unserer Universität gewidmeten Dalberg'schen Wünsche im angetretenen Jahr reichlich in Erfüllung gehen mögen.

Benutzt wurden u. a. folgende Werke:

A. Kircher's Werke.

C. Schott's Werke.

Goethe, Zur Farbenlehre.

C. Bönicke, Grundriss einer Geschichte von der Universität Würzburg.

A. F. Ringelmann, Zum Jubel-Feste der königl. Universität Würzburg.

F. X. Wegele, Geschichte der Universität Würzburg.

Gehler, Physikalisches Handwörterbuch.

W. v. Siemens, Lebenserinnerungen.

Der Nachdruck dieser Rede erfolgte von dem Druckexemplar, das Röntgen als Rektor der Universität Würzburg in seinem Besitz hatte. Es wurde der Bibliothek des Deutschen Röntgen-Museums im Auftrage der Adoptivtochter Röntgens, Frau Bertha Donges, während der Feier zur Überreichung der Röntgenplakette am 3. Juni 1952 durch Herrn Dr. Kramer-Mülheim übergeben.

The reprint of this speech is from the printed copy which was in Röntgen's possession when he was Rector of Würzburg University. The copy was presented to the Library of the German Röntgen Museum on behalf of Röntgen's adopted daughter Frau Bertha Donges, by Dr. Kramer-Mülheim on June 3rd 1952 at the inauguration of the Röntgen Medal.

La reproduction de ce discours est tirée de l'exemplaire imprimé, que Rœntgen possédait en sa qualité de Recteur de l'université de Würzburg. Cet exemplaire fut transmis le 3 juin 1952 par M. le Docteur Kramer-Mülheim à la bibliothèque du « Musée allemand Rœntgen » au nom de la fille adoptive de Rœntgen, Madame Bertha Donges, lors de la remise de la « Plaque Rœntgen ».

La reimpresión de este discurso resulta al ejemplario, que estuvo de Roentgen cuando fué rector de la Universidad de Würzburg. En el nombre de la Señora Bertha Donges, hija adoptiva de Roentgen, la obra se ha dedicado a la biblioteca del Museo Roentgen por el Señor Dr. Kramer-Mülheim, con el motivo solemne de la presentación de la Medalla Conmemorativa Roentgen la cual tuvo lugar el 3 Junio 1952.

NACHWORT ZU RÖNTGENS REKTORATSREDE

Von Dr. med. Herbert Böttger

Unter den achtundfünfzig Arbeiten, die W. C. Röntgen zwischen 1870 und 1921 veröffentlicht hat und die sein wissenschaftliches Lebenswerk enthalten, erscheint als fünfundvierzigste des Werkverzeichnisses (Glasser) die Festrede zur Feier des 312. Stiftungstages der Julius-Maximilians-Universität zu Würzburg. Im Herbst 1893 hatte Röntgen das Rektorat an der Universität Würzburg übernommen. Als im Mai des folgenden Jahres der Philosoph Wilhelm Windelband an der Universität Straßburg seine Antrittsrede als Rektor unter dem Titel „Geschichte und Naturwissenschaft" hielt, leitete er sie mit den Worten ein: „Es ist ein wertvolles Vorrecht des Rektors, daß er am Stiftungsfeste der Universität das Ohr ihrer Gäste und ihrer Mitglieder für einen Gegenstand aus dem Umkreis der von ihm vertretenen Wissenschaft in Anspruch nehmen darf." Röntgen hatte von diesem Vorrecht in der genannten Festrede Gebrauch gemacht, aber kein Thema seines engeren Fachgebietes der Experimentalphysik, das er seit dem Jahre 1888 hier vertrat, ausgewählt. Über die physikalische Wissenschaft seiner Tage hatte er hinausgeschaut auf die Anfänge der experimentellen Naturwissenschaften an der Universität Würzburg und damit auf die Geschichte der Physik im 16., 17. und 18. Jahrhundert. Die zu festlichem Anlaß verfaßte Rede, in der Röntgen sich von seinen Forschungsproblemen zur Wissenschaftsgeschichte wendet, will heute wieder gelesen und überdacht werden. Sie gehört zu den Zeugnissen, die an das Wesen Röntgens, an seine Maximen als Mensch und als Forscher heranführen.

Mit der Aufzählung der Namen Kepler, Galilei, Newton, Descartes, Grimaldi, Gilbert, von Guericke, Mariotte, Huygens weist Röntgen auf den Anbruch des neuzeitlichen Denkens und Forschens, auf die

Anfänge rationaler, induktiver Wissenschaft. Jeder der genannten Namen bedeutet eine Fülle neuer Gedanken, Experimente, Theorien, Systeme: Keplers Gesetze der Planetenbewegung, Galileis Fallgesetze, Newtons „Philosophiae naturalis principia mathematica" von 1687, Gilberts Abhandlung „De magnete", Grimaldis Beschreibung der Lichtbeugung, Guerickes Experimente mit den „Magdeburger Halbkugeln", Mariottes Versuche zur Physik der Gase und Flüssigkeiten, Huygens' Wellentheorie des Lichtes im „Traité de la lumière" — das ist jene „Mechanisierung des Weltbildes", wie Dijksterhuis diese Epoche in unseren Tagen überschrieben hat. Von ihr aus spannt sich eine unabsehbare Kette von Entdeckungen und Erfindungen, die nun möglich werden, weil der Mensch gelernt hat, den Naturphänomenen denkend gegenüberzutreten und „claire et distincte" — wie Descartes es gefordert hatte — nach mathematischer und experimenteller Bewältigung des Naturgegebenen zu suchen. Röntgen beschreibt in seiner Rede diesen gewaltigen Prozeß mit den Worten: „Erst allmählich drang die Überzeugung durch, daß das Experiment der mächtigste und zuverlässigste Hebel ist, durch den wir der Natur ihre Geheimnisse abringen können, und daß dasselbe die höchste Instanz bilden muß für die Entscheidung der Frage, ob eine Hypothese beizubehalten oder zu verwerfen sei".

Die Gestalt, durch die Würzburg im 17. Jahrhundert am stärksten mit den neuen wissenschaftlichen Erkenntnissen und Ordnungen verbunden ist, stellt zweifellos Athanasius Kircher (1602—1680) dar. Röntgen deutet nach kurzer Darstellung des ungewöhnlichen und bewegten Lebensganges auf die enzyklopädischen Ziele Kirchers hin, — Ziele, die vielen hervorragenden Geistern damals eigen waren und die ihm später den Ruf nur bedingter wissenschaftlicher Zuverlässigkeit eingetragen haben. Altes und Neues, Mystisches und Rationales vermischen sich in diesem Gelehrten aus einer Umbruchszeit des europäischen Geistes. Aber allein seine mikroskopischen Studien mit der fiktiven Beschreibung krankheitserzeugender Kleinlebewesen — der minima animalcula — im Blut Pestkranker stellen ihn unter die frühen Vorläufer der Bakteriologie. Die Art, wie Röntgen auf die physikalischen Versuche Kirchers eingeht, wie er überhaupt seine Experimentierkunst hervorhebt, beweist, daß er ihn nur kritisch sehen kann, weil „die bahnbrechenden Ideen und Arbeiten seiner

Vorgänger und Zeitgenossen in ihm keinen Vorkämpfer und Vermehrer fanden". Kircher ist nicht mit Galilei, Kepler, Newton, auch nicht mit Mariotte, Huygens und Grimaldi auf eine Stufe zu stellen. Röntgen schließt sich der Charakteristik Goethes an, der in seiner Farbenlehre Kircher als einen „eifrigen und geistreichen Sammler" bezeichnet; aber er fügt hinzu, daß ihm in seiner Zeit doch ein besonderes Verdienst um die Verbreitung physikalischer Kenntnisse zukommt. Das Wort Kirchers, das Röntgen als Forscher besonders bewegt haben mag, führt er wörtlich an:

> „Die Natur läßt oft staunenswerte Wunder selbst an den gewöhnlichsten Dingen hervortreten, welche jedoch nur von Leuten erkannt werden, die mit Scharfsinn und zum Forschen geschaffenem Sinne bei der Erfahrung, der Lehrmeisterin aller Dinge, sich Rat holen."

Für uns, die wir heute den Gedankengängen Röntgens in seiner Rektoratsrede vor fünfundsechzig Jahren nachgehen, wird hinter diesem Zitat seine damals noch nicht vollzogene Entdeckung einer neuen Art von Strahlen sichtbar. Weil er „mit Scharfsinn und zum Forschen geschaffenem Sinne" den rätselhaften Erscheinungen in seinen Versuchen mit der Vakuumröhre nachging, mußte ihm das bis dahin Unbekannte oder Unbeachtete auffallen und ihn zu den entscheidenden Experimenten im November und Dezember 1895 führen.

Dem zweiten Nachfolger Kirchers auf dem Würzburger Lehrstuhl für Physik, Caspar Schott (1608—1666), verdankt die Physik der Zeit in seiner „Mechanica hydraulico-pneumatica" (Würzburg 1657) ein weithin bekannt gewordenes Werk. Es hat den englischen Physiker Robert Boyle zu seinen berühmten „Nova experimenta physico-mechanica de vi aëris elastica" (Rotterdam 1669) angeregt. Wir machen uns heute oft keine rechte Vorstellung mehr davon, welche Umwälzungen des Denkens die Versuche Guerickes, die Einführung des Barometers durch Torricelli auslösten. Jetzt war es möglich, die Menge und Ausdehnung unsichtbarer Stoffe, die der niederländische Gelehrte und Arzt van Helmont „Gas" genannt hatte, zu bestimmen und zu messen, den Luftdruck in seiner Wirkung auf Instrumente zu beobachten und in dieser auf einmal meß- und wägbaren Atmosphäre vielleicht auch die rätselhaften Erreger bestimmter epidemischer Krankheiten zu finden. Schott dürfte der erste gewesen sein, der den Einfluß des veränderten Luftdruckes auf den tierischen Organismus untersucht hat, ein Problem, dessen eminente Bedeutung die Wissenschaftler des 20. Jahrhunderts durch die Eroberung der dritten Dimension des Raumes vordringlich beschäftigt. Daß Schott sich — wie Galilei und viele andere Gelehrte vor ihm — nicht hat frei machen können von der mittelalterlichen Vorstellung des „horror vacui", daß er der natürlichen Magie ergeben blieb, macht dem, der verstehend in die Geschichte der Wissenschaften eindringt, nur deutlich, wie schwer und mühsam der Weg des Menschengeistes durch Irrtümer und Hindernisse zu allen Zeiten gewesen ist.

Die Entwicklung der Physik an der Universität Würzburg war von günstigen Umständen getragen. Bereits 1749 vollzog sich mit der Errichtung der Professur für Experimentalphysik die Trennung zwischen Naturwissenschaft und Philosophie — der „Physik" von der „Metaphysik". Und im Jahre 1773 gründete Fürstbischof Adam Friedrich von Seinsheim weit vorausschauend eine Professur für theoretische Physik. Das bedeutete ein Vorauseilen in wissenschaftliches Neuland, eine konsequente Überwindung alter Anschauungen und Denkformen. Röntgen hat in seiner Rede betont, daß „damit Würzburg fast allen anderen deutschen Universitäten in der Pflege der Physik vorangegangen ist". Er selbst bemühte sich in seiner Würzburger Zeit um die Neuerrichtung des bereits um 1800 wieder verwaisten Lehrstuhls für theoretische Physik. Wie er einleitend den neuen Äon des Denkens mit den Namen Galilei, Kepler, Newton umreißt, so kann er mit Clausius, der von 1867 bis 1869 in Würzburg lehrte, die Reihe der bedeutenden Physiker im 19. Jahrhundert fortsetzen. Von jenem „glänzenden Fünfgestirn" — Neumann, Weber, Helmholtz, Clausius, Kirchhoff — gehen entscheidende Einsichten und Impulse für die Elektro- und Thermodynamik, die Kristallographie und Spektralanalyse, die Wärmetheorie und das Energieprinzip aus. Mit der Entdeckung der X-Strahlen tritt er zwei Jahre später selbst unter die von ihm hier genannten führenden Geister der Naturwissenschaft im 19. Jahrhundert.

Wenn wir uns hier der Worte erinnern, die Röntgen in seiner Rektoratsrede aus den Lebenserinnerungen Werner von Siemens' übernommen hat, so dürfen wir heute sagen, daß sie seinem Wesen als Wissenschaftler entsprochen haben müssen. Als er sie aussprach, konnte er noch nicht ahnen, wie bald sie für ihn Wirklichkeit sein würden. Es sind die Worte:

> „Wenn ein dem Geist bisher nur dunkel vorschwebendes Naturgesetz plötzlich klar aus dem verhüllenden Nebel hervortritt, wenn der Schlüssel zu einer lange gesuchten mechanischen Kombination gefunden ist, wenn das fehlende Glied einer Gedankenkette sich glücklich einfügt, so gewährt dies dem Erfinder das erhebende Gefühl eines errungenen geistigen Sieges, welcher ihn allein schon für alle Mühe des Kampfes reichlich entschädigt und ihn für einen Augenblick auf eine höhere Stufe des Daseins erhebt."

Röntgen hat nach jener „Offenbarung einer Nacht" (Dessauer) im November 1895 und nach einem kurzen, aber ungeheuer intensiven Ringen um das Geheimnis der neuen physikalischen Erscheinung auf dieser höheren Stufe des Daseins gestanden. Als die Kunde von seiner das Weltbild der Physik, Chemie und Medizin verändernden und erweiternden Entdeckung um die Erde ging, hat er weitergewirkt und weitergeforscht ohne Gewinn, ohne Anteil an der wirtschaftlichen Nutzung des Röntgenverfahrens — um der Sache selbst willen. Seinem Wesen entsprach das andere Wort Werner von Siemens', das sich ebenfalls in der Rektoratsrede findet:

> „Aber nicht diese Erfinder sind es, welche der Entwicklung der Menschheit neue Bahnen eröffnen, die sie voraussichtlich zu vollkommeneren und glücklicheren Zuständen führen werden, sondern die, welche — sei es in stiller Gelehrtenarbeit, sei es im Getümmel technischer Tätigkeit — ihr ganzes Sein und Denken dieser Fortentwicklung um ihrer selbst willen widmen."

„Um ihrer selbst willen" — von hier aus blickt Röntgen auf die Geschichte der Physik in Würzburg und darüber hinaus auf die Universität seiner Zeit. Als eine Pflanzschule der Bildung, eine Pflegestelle idealer Bestrebungen spricht er sie an. In einem Schreiben an seinen Fürsten Franz Ludwig hat Karl Theodor von Dalberg die Mittel genannt, die der Hochschule für das Pflanzen und Pflegen der Wissenschaften und Künste notwendig sind: Freiheit, Ehre, Geld. Röntgen nimmt diese „goldenen Worte" Dalbergs auf und weist auf den forschenden Menschen, dem es ernst ist mit seiner Aufgabe, der im Grunde ideale Ziele verfolgt und dadurch der Universität die höhere Bedeutung gibt, die über ihren praktischen Nutzen weit hinausgeht. Das echte Standesgefühl, wie Röntgen es mit Dalberg gefordert hat, ist mit professoralem Dünkel oder studentischer Anmaßung nicht vereinbar. Und gerade die Worte Röntgens von den Pflichten und Rechten der akademischen Freiheit anderen und sich selbst gegenüber heben die Rektoratsrede vom Jahre 1894 über ein zeit- und wissenschaftsgeschichtliches Dokument hinaus. Sie sei auch zu den Wissenschaftlern, Ärzten und Technikern der Gegenwart gesprochen, damit sich mit ihrem Wirken an seinem Werk das Gedenken an die Persönlichkeit Wilhelm Conrad Röntgens verbindet!

Bonn, im Juli 1959

EPILOGUE ON RÖNTGEN'S RECTORIAL ADDRESS

Dr. med. Herbert Böttger

Among the fifty-eight papers published by Röntgen from 1870 to 1921 there is a speech, delivered at the 312th anniversary of the Julius-Maximilian University of Würzburg and listed as No. 45 in the index to the record of his scientific achievements. (Glasser.)
In autumn 1893 Röntgen had accepted the rectorship of the Würzburg University. In May of the following year the philosopher Wilhelm Windelband delivered his inaugural address as Rector of Strassburg University on the subject "History and Science." He opened with the remark that it is a great privilege of the rector on such occasions to draw the attention of guests and members of the University to his own particular branch of science.

Röntgen also had this in mind when he delivered the speech mentioned above but he did not choose as his subject some particular item of experimental physics with which he had been associated since 1888. He looked beyond the physical science of his days to the beginnings of experimental natural science at Würzburg and, in general to the history of physics in the 16th, 17th and 18th centuries. The speech which Röntgen prepared for a festive occasion and in which he turned from his own immediate research problems to a historical survey deserves to be re-read and re-considered today. It is evidence of Röntgen's character and gives insight into his motives as a human being and a scholar.

Mentioning the names of Kepler, Galileo, Newton, Descartes, Grimaldi, Guericke, Mariotte and Huygens, Röntgen points to the rise of modern research and ideas which are the beginnings of rational inductive science. Every one of these names represents a wealth of thought, experiment, theory and system: — Kepler's Laws of planetary motion, Galileo's Laws of falling bodies, Newton's "Philosophiae naturalis principia mathematica" published in the year 1687, Gilbert's "De Magnete", Grimaldi's description of the refraction of light, von Guericke's experiments with his "Magdeburg hemispheres", Mariotte's experiments in the physics of gases and liquids, Huygens' wave theory of light in his "Traité de la lumière" — all these comprise that "Mechanised concept of the world" — which is the name which Dijksterhuis has in our day given to that epoch. It has given rise to that chain of innumerable discoveries and inventions which has become possible because Man has learnt to meet the enigmas of Nature "claire et distincte" as postulated by Descartes after mathematical and experimental investigation of the given problem.

Röntgen in his speech describes this huge process as follows:— "Only gradually was the conviction established that the experimental approach is the mightiest and most reliable lever with which we can extract Nature's secrets and that it represents at the same time the last resort to which we can appeal for a decision whether a hypothesis is to be adopted or abandoned."

It was Athanasius Kircher (1602—1680) who in 17th century Würzburg was most prominently associated with the new scientific knowledge and its laws. Röntgen after referring briefly to Kircher's unusual and eventful life, points to his encyclopaedic targets. They were undoubtedly aims which were common to many leading personalities at the time and they led later on to his being reputed to be only moderately reliable in scientific matters. Old and new, mystical and rational views were combined in this scholar during a period of intellectual revolution in Europe. But his microscopical studies and fictitious descriptions of minute organisms—which he called minima animalcula—in the blood of patients suffering from plague made him one of the early forerunners of bacteriology. The way in which Röntgen describes and discusses him as an experimentalist shows that he was critical of Kircher's ability because his predecessors and contemporaries did not find a leader or pioneer in him. Kircher cannot be compared with Galileo, Kepler or Newton, nor even with Mariotte, Huygens or Grimaldi. Röntgen agrees with Goethe who, in his work on colour characterised Kircher as an eager and intelligent collector. Röntgen however adds that Kircher in his day deserved praise for the spreading of physical knowledge. A saying of his may have influenced Röntgen considerably and is quoted verbatim:—

"Nature often reveals surprising marvels in even the most ordinary events but they can only be recognised by those who with a keen sense trained to investigation ask for guidance from experience—the teacher in all things."

To us, who after 65 years re-read Röntgen's thoughts in his rectorial address there becomes visible through the above quotation his discovery of a new kind of rays which at the time he had not yet made. Thanks to his "keen sense trained to investigation" he pursued the curious phenomena revealed in his work with vacuum tubes and was led to decisive experiments in November and December 1895.

The second successor of Kircher in the Würzburg chair of Physics was Caspar Schott (1608—1666) who in 1657 published his "Mechanica hydraulico-pneumatica" a work which became generally well known. It provoked the English Physicist Robert Boyle to produce his famous "Nova experimenta physico-mechanica de vi aeris elastica" (Rotterdam 1669). Nowadays we can hardly imagine the revolution in thinking which was caused by Guericke's experiments and Torricelli's invention of the barometer. These not only made possible the observation and measurement of the quantity and expansion of those invisible substances which the Dutch scientist and physician van Helmont had called "gases" but also of the effect of air pressure on instruments. It was hoped thereby perhaps to find in the atmosphere which had now become measurably ponderable the mysterious germs which were supposed to be the cause of certain epidemic diseases. Schott was probably the first to investigate the effect of variable atmospheric pressure on living organisms

—a problem which because of its supreme importance in this age of three dimensional travel is urgently engaging the attention of scientists in the 20th century.

The fact that Schott like Galileo and many other scholars before him could not rid themselves of the mediaeval "horror vacui" and remained obsessed by the idea of natural magic shows clearly to those who research into the history of science what obstacles of error and ignorance have at all times hampered the progress of the human mind.

The progress of physics at Würzburg took place in favourable circumstances. As early as 1749 the creation of a professorship of experimental physics separated science from philosophy—physics from metaphysics. And in 1773 the Prince Bishop Adam Friedrich von Seinsheim created, with admirable foresight, a chair of theoretical physics. This caused an advance into new scientific territory and the abandonment of old opinions and ideas. Röntgen emphasised in his speech that in doing this, Würzburg probably went ahead of all other German Universities in the cultivation of physics. He himself tried during his stay at Würzburg to recreate the chair of theoretical physics which had lapsed since 1800. Röntgen introduced the new era of thought with the names of Galileo, Kepler and Newton, and he was able to extend the list to physicists of the 19th century by mentioning Clausius who taught at Würzburg from 1867—1869. The remarkable constellation of Neumann, Weber, Helmholtz,. Clausius and Kirchhoff gave rise to decisive opinions and directives for electro- and thermo-dynamics, crystallography, spectral analysis and the theories of heat and energy. With the discovery of X-rays two years later Röntgen himself joined the group of leading personalities in science in the 19th century which he had mentioned.

In remembering the words from the memoirs of Werner von Siemens which Röntgen quotes in his speech we realise that they must have represented the essence of Röntgen's own ambitions as a scientist. At the time he could not have foreseen that they would so soon become a reality in his own case. Here is the quotation:—

"When a law of nature, hitherto hidden, suddenly emerges from the surrounding fog, when the key, long sought after, to a mechanical combination is found, when the missing link takes its place in a chain of thought, there is then the elation of spiritual victory for the discoverer which by itself alone richly rewards him and lifts him for a brief moment on to a higher plane."

Röntgen himself stood on this higher plane after the "Revelation of a night" (Dessauer) in November 1895 and after a brief but very intensive wrestling for the secrets of the new physical phenomenon. When the news went round the world of his discovery which was to alter and widen the entire subjects of physics, chemistry and medicine he continued his work without receiving any reward or share in the economic profits of the use of X-rays, but just for its own sake. A second quotation, again from Werner von Siemens, and also quoted in the speech describes Röntgen's character:—

"But these are not the inventors who pave the way for the further progress of mankind which will ultimately lead to fuller and happier conditions. Rather are they those who, be it in the quiet work of the scholar or in the bustle of technical activity, devote their whole life and thought to such advance for its own sake."

"For its own sake"—with this text in mind Röntgen surveys the history of physics at Würzburg and beyond, at the Universities of his day. He calls it a nursery of intellectual culture and a centre for the promotion of ideals. Karl Theodor von Dalberg, in a letter to his Prince, Franz Ludwig mentions the means which are necessary in order to plant and cultivate the sciences and the arts at the University. They are Freedom, Honour and Money. Röntgen bases his argument on these "golden words" of Dalberg and points to the research scientist who takes his task seriously and in pursuing ideal aims serves those higher objects of the University which far transcend any practical value. Pure class consciousness as demanded by Röntgen and also by Dalberg was not to be mistaken for professional snobbery or undergraduate pride of place. The words which Röntgen spoke on the duties and rights attaching to academic freedom towards others and towards oneself raise the speech of

1894 above the level of a merely historical document in time and science. They apply to an even greater extent to the scientists, physicians and engineers of today so that in their teaching they may be associated with the memory of the personality of Wilhelm Conrad Röntgen.

Bonn, July 1959

ÉPILOGUE AU DISCOURS DE RŒNTGEN

Dr. med. Herbert Böttger

Parmi les 58 travaux que Wilhelm Conrad Rœntgen a publiés entre 1870 et 1921, et qui constituent l'œuvre de sa vie scientifique, le discours solennel célébrant le 312ème anniversaire de la fondation de l'Université de Würzburg compte comme le quarante-cinquième. (Glasser.) A l'automne de 1893 Rœntgen avait été nommé à la tête de l'Université Julius-Maximilian de Würzburg. Quand, en mai de l'année 1894, le philosophe Wilhelm Windelband prononça son discours d'inauguration à l'université de Strasbourg, il commença par les paroles suivantes: «Pour le recteur, c'est un privilège précieux qu'il lui soit permis, à l'occasion de la fête solennelle de la fondation de l'Université, de solliciter l'attention de ses invités ainsi que de ses collègues, en faveur d'un sujet qui se rapporte à la science dont il est le représentant.» Rœntgen avait fait usage de ce privilège dans son propre discours de cérémonie, mais il n'avait pas choisi son sujet dans le domaine le plus étroit où il s'était spécialisé, c'est-à-dire dans cette physique expérimentale dont il avait fait son domaine depuis 1888. Il avait regardé au delà des aspects actuels de la science physique pour se reporter au début des sciences naturelles expérimentales à l'Université de Würzburg, et en même temps à l'histoire de la physique au 16ème, 17ème et 18ème siècle. Le discours rédigé à l'occasion de cette fête et dans lequel Rœntgen s'est détourné de ses problèmes de recherches pour s'attacher à l'histoire de la science doit être aujourd'hui relu et pris en considération. Il fait partie des témoignages qui font connaître de près Rœntgen, à travers ses réflexions, comme homme et comme savant.

Enumérant les noms de Kepler, Galilée, Newton, Descartes, Grimaldi, Gilbert, von Guericke, Mariotte, Huygens, — Rœntgen examine les commencements de la pensée et de la recherche modernes et le début de la science rationnelle inductive. Chacun de ces noms évoque beaucoup de pensées nouvelles, d'expériences, de théories et de systèmes: les lois de Kepler, relatives au mouvement des planètes, les lois de la chute des corps de Galilée, les « Philosophiae naturalis principia mathematica » de Newton (1687), le traité « De magnete » de Gilbert, la description de la réfraction de la lumière par Grimaldi, l'expérience des hémisphères de Magdebourg réalisée par von Guericke, les essais de Mariotte se rapportant à la physique des gaz et des liquides, la théorie des ondes lumineuses dans le « Traité de la lumière » de Huygens — toutes ces acquisitions correspondant à « l'interprétation mécaniste du Monde », suivant les mots par lesquels Dijksterhuis a caractérisé de nos jours cet âge du passé. A dater de cette époque se forme une chaîne ininterrompue de découvertes et d'inventions, qui sont devenues possibles, parce que l'homme s'est avisé de soumettre les phénomènes naturels à sa pensée, et d'appliquer une vision « claire et distincte » à la connaissance mathématique et expérimentale des données de la nature, comme Descartes l'avait exigé. Rœntgen décrit en ces termes dans son discours cet énorme enchaînement de découvertes: « On se convainc graduellement que l'expérience est le levier le plus puissant et le plus sûr grâce auquel nous pouvons parvenir à connaître les merveilles de la nature, et qu'elle est aussi le tribunal suprême qui décide si l'on peut garder une hypothèse ou la rejeter. »

Le savant auquel Würzburg, au 17ème siècle, est surtout redevable pour les progrès du savoir, est sans aucun doute Athanase Kircher (1602—1680). Rœntgen, après avoir donné un aperçu de la vie extraordinaire et agitée de Kircher, signale les visées encyclopédiques de ce dernier, visées que partageaient jadis beaucoup d'esprits éminents, mais qui, plus tard, lui valurent la réputation d'un homme de science à qui ne saurait être accordée une confiance totale. Conceptions anciennes et nouvelles, mysticisme et rationalisme se mêlent dans ses vues scientifiques, caractéristiques d'une période transitoire de la pensée européenne. Mais ce sont ses études

microscopiques et sa description fictive des êtres minuscules vivants —
les minima animalcula — dans le sang des malades atteints de peste, qui
le placent parmi les précurseurs de la bactériologie. La manière dont
Rœntgen traite des investigations physiques de Kircher, et dont il
apprécie sa méthode expérimentale, prouve qu'il ne peut le con-
sidérer que d'un œil critique, car, dit-il « les idées et les travaux
révolutionnaires de ses devanciers et de ses contemporains ne
trouvaient pas en lui un homme capable de les combattre ou de
leur donner leur retentissement. » On ne peut pas placer Kircher au
même rang que Galilée, Kepler, Newton, non plus que Mariotte,
Huygens ou Grimaldi. Rœntgen partage l'opinion de Gœthe à
l'égard de Kircher, laquelle est mentionnée dans son traité « Théorie
des Couleurs », où Gœthe le présente comme « un compilateur zélé
et spirituel ». Mais il ajoute qu'il eut cependant en son temps certain
mérite pour avoir contribué à l'épanouissement du savoir physique.
Rœntgen rapporte mot à mot la phrase de Kircher qui, en tant que
chercheur, lui avait fait une forte impression: « Souvent la nature
produit, même dans les plus communes circonstances, d'étonnantes
merveilles qui sont seulement reconnues par ceux des esprits qui,
avec sagacité et curiosité appliquées à la recherche, demandent con-
seil à l'expérience. »

Pour nous, qui aujord'hui nous attachons aux pensées de Rœntgen
émises dans ce discours qu'il prononça avant sa soixante-cinquième
année, il nous est possible de deviner dans cette citation la prescience
de son invention d'un nouveau type de rayons, encore qu'à cette
époque la découverte n'en eût pas encore été faite. Parce qu'il obser-
vait avec « sagacité et curiosité appliquées à la recherche » les phénomènes inhabituels, dans son expérimentation avec les tubes à vide,
il devait être frappé par les manifestations inconnues qu'il n'avait
pas jusqu'alors remarquées et qui devaient le conduire aux expériences décisives de novembre et de décembre 1895.

A Caspar Schott (1608—1666), deuxième successeur de Kircher dans
la chaire de physique de l'Université de Würzburg, la physique du
temps est redevable du traité « Mechanica hydraulico-pneumatica »
(Würzburg, 1657), œuvre qui a acquis une grande réputation. Cette
œuvre a inspiré au physicien anglais Robert Boyle l'initiative

d'entreprendre la rédaction de son ouvrage «Nova experimenta physico-mechanica de vi aeris elastica» (Rotterdam 1669). De nos jours nous avons peine à nous faire une idée sur ce que fut la révolution de la pensée que provoquèrent les expériences de von Guericke et l'introduction du Baromètre de Torricelli. Dès lors, il était devenu possible de peser et de mesurer la masse et la dilatation des principes invisibles que le savant et médecin hollandais van Helmont avait nommés «gaz» et de préciser la pression atmosphérique par son influence sur les appareils d'enregistrement. Il était devenu possible, pareillement, de découvrir dans cette atmosphère désormais mesurable et pondérable certains agents surprenants, responsables de maladies épidémiques. Schott devait être le premier à étudier l'action des modifications de la pression atmosphérique sur les organismes animaux, problème dont l'importance a spécialement occupé les savants du 20ème siècle avec l'acquisition de la troisième dimension de l'espace. Mais Schott ne sut pas s'affranchir de la conception de «horror vacui» — non plus que Galilée et beaucoup d'autres savants avant lui — ni se dégager de la croyance à la magie naturelle; ainsi s'explique, pour celui qui s'adonne à l'histoire des sciences, que les cheminements de l'esprit humain soient difficiles et, en tous les temps, entravés par des erreurs et des obstacles variés.

Le développement de la physique à l'Université de Würzburg fut favorisé par le concours des circonstances. En 1749 déjà la création d'une chaire de physique expérimentale avait témoigné de la séparation entre la science naturelle et la philosophie, entre la physique et la métaphysique. En 1773, le Prince-Archevêque Adam Friedrich von Seinsheim fonda une chaire de physique théorique. Par là s'affirmait un progrès dans un domaine neuf de la science et un triomphe de la raison sur les vieilles croyances et les anciennes formes de pensée. Rœntgen a observé dans son discours, qu' «avec ces créations de chaires, Würzburg avait pris la tête de presque toutes les autres universités où l'étude de la physique était en honneur.» Rœntgen lui-même se dépensa pendant son séjour à Würzburg pour faire reconstituer la chaire de physique théorique qui avait disparu depuis 1800. Comme il a rappelé les commencements du nouvel âge de la pensée inauguré par les noms de Galilée, Kepler et Newton, il peut à son tour, avec Clausius qui enseigna également à Würzburg (1867—1869), être inscrit au terme de la liste des physiciens importants du 19ème siècle. A cinq brillantes personnalités, Neumann, Weber, Helmholtz, Clausius et Kirchhoff furent dûes des notions décisives pour les progrès de l'électro- et de la thermodynamique, de la cristallographie et de l'analyse spectrale. Avec la découverte des rayons X, Rœntgen se classa, un an plus tard, à la suite des cinq savants les plus éminents, dont bénéficia l'étude des sciences naturelles au 19ème siècle.

Se rappelant les paroles que Rœntgen a empruntées aux souvenirs de la vie de Werner von Siemens et qu'il a introduites dans son Discours Rectoral, on serait fondé à remarquer aujourd'hui qu'elles correspondent à son propre cas de savant. Quand il les prononça, il ne pouvait encore se douter de la vérification qu'elles trouveraient bientôt dans sa destinée. Les voici:

« Si une loi de la nature qui était d'abord obscure pour notre intelligence se dégage subitement des brumes qui la dérobaient, si la clé d'une combinaison mécanique est découverte après de longues recherches, si un chaînon qui manquait à une suite de pensées vient s'y ajouter, l'inventeur éprouve un sentiment de joie pour un triomphe remporté par l'esprit, qui le dédommage largement de la peine qu'il s'est donnée au cours de sa lutte et qui l'élève sur un plan supérieur d'existence. »

Rœntgen lui-même a été élevé à ce plan supérieur d'existence après cette « révélation nocturne » (Dessauer) qui lui fut faite en 1895 et après une lutte brève mais acharnée pour rendre compte du nouveau phénomène physique dont il avait acquis la connaissance. Quand la nouvelle de sa découverte eût été répandue dans le monde, découverte qui a changé et étendu les possibilités de la physique, de la chimie et de la médecine, il continua à travailler et à chercher, sans réclamer aucun profit pour lui-même et sans participer à l'utilisation de la méthode Rœntgen dans l'industrie, — ne visant qu'à la seule satisfaction de connaître. Au caractère de Rœntgen s'appliquait une autre parole de Werner von Siemens que l'on trouve aussi dans le Discours Rectoral:

« … ce ne sont pas ces inventeurs qui ouvriront de nouveaux chemins à l'évolution de l'humanité et qui la conduiront peut-être vers des états parfaits et plus heureux, mais au contraire ceux qui consacrent toute leur existence et leur pensée tout entière au service de cette évolution soit dans le silencieux labeur du savant, soit dans la fièvre d'action du technicien. »

— « Pour la seule satisfaction de connaître » — c'est au nom de ce principe d'action que Rœntgen considère l'histoire de la physique à Würzburg et dans toute l'université de son temps. Il l'appelle une école de formation culturelle et un lieu d'aspiration vers l'idéal. Dans une lettre à son maître, le Prince Franz-Ludwig, Karl Theodor von Dalberg avait désigné la Liberté, l'Honneur et l'Argent comme les mobiles essentiels qui peuvent inciter des universitaires à cultiver les sciences et les arts. Rœntgen reprend les « paroles d'or » de Dalberg et les applique au chercheur, à celui qui prend son devoir au sérieux, s'attache véritablement à un idéal et confère ainsi à l'Université une importance qui dépasse les simples visées pratiques. L'authentique « honneur professionnel » dont Rœntgen formule l'exigence aussi bien que Dalberg, n'est pas compatible avec la présomption des maîtres ni avec l'outrecuidance des étudiants. Ce sont ces mots de Rœntgen relatifs aux devoirs et aux droits de la liberté académique qui élèvent l'intérêt de ce Discours Rectoral de 1894 au-dessus de celui d'un document historique ou scientifique. Le Discours est spécialement dédié aux savants, médecins et techniciens contemporains, afin que leur effort s'inspire de la haute mémoire de Wilhelm Conrad Rœntgen.

Bonn, juillet 1959

EPILOGO SOBRE EL DISCURSO DE ROENTGEN AL TOMAR POSICION DEL RECTORADO

Dr. med. Herbert Böttger

Entre las cincuenta y ocho obras de W. C. Roentgen, publicadas entre los años 1870 y 1921 y que contienen toda la obra de su vida, aparece en cuadragésimo quinto (Glasser) lugar del índice el discurso solemne que pronunció con motivo de la conmemoración del 312. aniversario de la Universidad de Julio-Maximiliano en Wurzburgo. Roentgen había tomado posición del rectorado de la Universidad de Wurzburgo en el otoño del año 1893. Cuando en el mes de Mayo del año siguiente el filósofo Guillermo Windelband, tomando posesión del rectorado de la Universidad de Estrasburgo, pronunció su discurso con el título «La historia y las ciencias naturales», inició el mismo con las siguientes palabras: «Es un apreciado privilegio del rector, que en el día del aniversario de la Universidad pueda cautivar la atención de sus oyentes, huespedes y miembros para un tema del dominio de las ciencias que él patrocina». Roentgen había hecho uso de este privilegio en su citado discurso, sin embargo, no había elegido un tema de la física experimental, estrecha especialidad que representaba aquí desde el año 1888. Mas allá de las ciencias físicas de su tiempo, consideró mas bien los principios de las ciencias naturales experimentales en la Universidad de Wurzburgo y, por lo tanto, la historia de la Física en los siglos XVI, XVII y XVIII. El discurso, pronunciado en tan solemne ocasión y en el que Roentgen se aparta de sus problemas de investigación para dedicarse a la historia de las ciencias, merece ser leído y meditado nuevamente en nuestros tiempos. El discurso en sí figura entre los testimonios que mas nos dejan acercarnos a Roentgen como ser y a sus preceptos como hombre y como investigador.

Citando nombres como Kepler, Galileo, Newton, Descartes, Grimaldi, Gilbert, von Guericke, Mariotte, Huygens, — Roentgen reseña el comienzo de la nueva era de filosofía e investigación y los principios de la ciencia racional e inductiva. Cada uno de los citados nombres implica un conjunto de nuevas ideas, experimentos, teorías y sistemas: las leyes de Kepler sobre el movimiento de los planetas, las leyes de gravitación de Galileo, las «Philosophiae naturalis principia mathematica» de Newton, del año 1687, el tratado de Gilbert «De magnete», la descripción de la refracción de la luz de Grimaldi, los experimentos de Guericke con las semiesferas de Magdeburgo, los ensayos de Mariotte en el terreno de la física de los gases y de los líquidos, la teoría de Huygens sobre las ondas de la luz en el «Traité de la lumière» — todo esto constituye la «Mecanización del concepto del mundo», como Dijksterhuis en nuestros días titula aquella época. De ella brota una cadena trascendental de descubrimientos e invenciones que en adelante son posibles porque el hombre ha aprendido a enfrentarse con raciocinio con los fenómenos de la naturaleza y buscar de modo «clair et distinct» — tal como lo había exigido Descartes — el dominio matemático y experimental de los problemas creados por la naturaleza. En su discurso Roentgen describe este colosal proceso con estas palabras: «Tan solo paulatinamente se llegó a la convicción de que el experimento es el medio mas poderoso y seguro para arrancar sus secretos a la naturaleza, y que el mismo debe ser la última instancia para la decisión de la cuestión si se debe conservar o rechazar una hipótesis».

Sin duda, Atanasio Kircher (1602—1680) es la figura que representa el lazo más fuerte del siglo XVII entre Wurzburgo y las nuevas nociones y leyes científicas. Después de un breve relato de su vida extraordinaria y tan agitada, Roentgen trata de los propósitos enciclopédicos de Kircher, — propósitos, propios a los más destacados genios de aquellos tiempos y que más tarde motivaron que Kircher tuvo la reputación de tener tan solo una limitada exactitud científica. Lo antiguo se ve mezclado en este sabio de la época de la evolución espiritual en Europa con lo nuevo, lo místico con lo racional. Sin embargo tan solo sus estudios microscópicos con la descripción ficticia de los microorganismos patógenos — los «minima animalcula» — en la sangre de los atacados de la peste, ya le colocan entre los primeros precursores de la bacteriología. La manera de como que Roentgen entra en los experimentos físicos de Kircher, que en general pone de relieve su arte de experimentar, comprueba que tan solo puede ver a aquel con el ojo del crítico, porque «las ideas y los trabajos innovadores de sus precursores y contemporáneos no encontraron en él defensor ni propagador».

Kircher no puede ser puesto en una línea con Galileo, Kepler, Newton, como tampoco con Mariotte, Huygens y Grimaldi. Roentgen mas bien se adhiere a la caracterízación que Goethe da de Kircher en su tratado sobre los colores, llamándole un «coleccionista apasionado e ingenioso». Sin embargo añade que en su tiempo, después de todo, merece especial elogio por la divulgación de nociones físicas. Roentgen cita, palabra por palabra, lo dicho por Kircher que más parece haberle conmovido:

> «A menudo la naturaleza deja aparecer en las cosas mas banales fenómenos asombrosos, que sin embargo tan solo son reconocidos por aquellos, que con sagacidad y con sentido creado para la investigación toman consejo de la experiencia, la preceptora de todas las cosas.»

Para nosotros que analizamos ahora el curso de las ideas de Roentgen en su discurso de hace sesenta y cinco años, aparece detrás de este pasaje su descubrimiento aún no consum a do de una nueva clase de rayos. Ya que seguía «con sagacidad y con sentido creado para la investigación» los fenómenos enigmáticos durante sus ensayos con el tubo de vacío, le debía chocar lo desconocido y hasta entonces no atendido e impulsarle a los experimentos decisivos en Noviembre y Diciembre de 1895. Es a Caspar Schott (1608—1666), segundo sucesor de Kircher en la cátedra de Física de la Universidad de Wurzburgo, que la Física en su «Mechanica hydraulico-pneumatica» (Wurzburgo 1657) debe una obra de fama universal. Esa obra inspiró al físico inglés Roberto Boyle para sus famosas «Nova experimenta physico-mechanica de vi aeris elastica» (Rotterdam, 1669). Hoy en día ya no nos podemos dar a menudo cuenta exacta de

43

las revoluciones intelectuales que causaron los experimentos de Guericke, la introducción del barómetro por Torricelli. De entonces en adelante era posible determinar y medir la cantidad y la expansión de materias invisibles, que por el sabio y médico holandés van Helmont fueron llamadas «gases», observar la acción de la presión atmosférica sobre los instrumentos y a lo mejor encontrar igualmente en esta atmósfera, que de repente podía ser pesada y medida, los misteriosos bacilos causantes de ciertas enfermedades epidémicas. Puede ser que Schott haya sido el primero en investigar la influencia de la presión atmosférica variada sobre el organismo de los animales, un problema cuya importancia trascendental ocupa urgentemente a los científicos del siglo XX por la conquista de la tercera dimensión del espacio. El hecho de que Schott — al igual que Galileo y muchos otros sabios antes — no haya podido liberarse de la idea medieval del «horror vacui», que quedó adicto a la magia natural, constituye, para todos que con comprensión se adentran en la historia de las ciencias, una clara prueba de los dificil y penoso que en todos los tiempos ha sido el camino de la mente humana a través de equivocaciones y obstáculos.

El desarrollo de la Física en la Universidad de Wurzburgo era fomentado por favorables circunstancias. Con la creación de la cátedra para física experimental, se llegó ya en el año 1749 a una separación entre las ciencias naturales y la Filosofía — entre «Fisica» y «Metafisica». El principe obispo Adán Federico von Seinsheim demostró su talento previsor con la fundación en 1773 de la cátedra para física teórica. Esto ya significaba adelantarse hacia nuevos horizontes científicos, vencer las ideas antiguas y formas de pensar con todas sus consecuencias. En su discurso Roentgen hizo resaltar que con esto «Wurzburgo adelantó a casi todas las demás Universidades de Alemania en el fomento de la física». Durante su época de Wurzburgo él mismo se ocupaba de la nueva institución de la cátedra para física teórica, que ya por 1800 había sido abandonada. Tal como al principio caracteriza la nueva era del pensar con los nombres de Galileo, Kepler, Newton, puede seguir con Clausius, que fué de 1867 hasta 1869 catedrático en Wurzburgo, toda la fila de los físicos importantes en el siglo XIX. De aquella «constelación con las cinco estrellas» — Neumann,

Weber, Helmholtz, Clausius, Kirchhoff — emanan decisivos conocimientos e impulsos para la electro- y termodinámica, la cristalografía y el análisis espectral, para la teoría del calor y el principio de la energía. Con el descubrimiento de los rayos-X, él mismo figurará dos años más tarde, entre estos ingenios prominentes de las ciencias naturales del siglo XIX, que en este lugar citó.

Si recordamos las palabras, que Roentgen en su discurso al tomar posesión del rectorado, citó de las memorias de Werner von Siemens, podemos decir hoy que deben de haber correspondido a su carácter como científico. Cuando las pronunció, aún no podía figurarse que pronto se iban a convertir para él en una realidad. Son las palabras:

> «Cuando una ley de la naturaleza, que hasta ahora se presentaba al espíritu tan solo de modo confuso, de repente surge de las tinieblas en toda su claridad, cuando la clase de una combinación mecánica durante largo tiempo buscada haya sido encontrada, cuando el eslabón que faltaba en una cadena de ideas queda felizmente insertado, el inventor siente esta íntima satisfacción de la victoria espiritual, que ella sola ya le compensa todos los esfuerzos de su lucha y que por un momento le deja subir a un escalón mas elevado del ser humano.»

Después de aquella «Revelación de una noche» (Dessauer) en Noviembre de 1895, habia alcanzado este escalón más elevado del ser, después de una corta pero inmensamente intensiva lucha por el secreto del nuevo fenómeno físico. Cuando la noticia de su descubrimiento, que iba alterar y ampliar el aspecto mundial de la física, la química y la medicina, corrió por el mundo, seguía trabajando e investigando sin beneficio, sin participación en la explotación económica del procedimiento de Roentgen — tan solo por «la cosa ella misma». A su modo de ser correspondían aquellas otras palabras de Werner von Siemens, que también figuran en el discurso:

«Pero no son estos inventores que abren nuevos caminos para el desarrollo de la humanidad, los que la conducirán sin duda a situaciones más perfectas y felices, sino aquellos que — bien sea en su silencioso trabajo de científico, bien sea en el alboroto de su actividad técnica — dedican todo su ser y su espiritu a esta perfección, por ella misma.»

«Por ella misma» — esto constituye el punto de vista de Roentgen cuando considera la historia de la física en Wurzburgo y, mas allá, la Universidad — como tal — de sus tiempos. La considera seminario para la formación intelectual, un hogar para el fomento de las aspiraciones ideales. En una carta dirigida a su principe Francisco Luis, indicó Carlos Teodoro von Dalberg, los medios que precisa la universidad para el fomento de las ciencias y de las artes: Libertad, honor, dinero. Roentgen interpreta estas «palabras de oro» de Dalberg y señala al investigador que toma su cometido en serio, que en el fondo persigue objetivos ideales y que de este modo da a la universidad este concepto que supera mucho su finalidad práctica. El verdadero orgullo de casta, tal como Roentgen con Dalberg lo ha exigido, no es compatible con arrogancia profesoral ni con insolencia de estudiante. Precisamente estas palabras de Roentgen sobre los deberes y los derechos de la libertad académica para con los demás y con si mismo, convierten su discurso rectoral del año 1894 en algo mas trascendental que un puro documento histórico sobre su tiempo y sobre las ciencias.

Justamente por eso está dirigida a los científicos médicos y técnicos contemporáneos, para que con su obra invoquen el recuerdo de la personalidad de Guillermo Conrado Roentgen.

Bonn, Julio de 1959

NAMENVERZEICHNIS

Aristoteles	(384—322 v. Chr.)	Der Weise von Stagira, Philosoph und Polyhistor, Schüler Platons und Begründer des umfassendsten Weltbildes im Altertum
Boyle, Robert	(1627—1691)	Physiker und Chemiker in Oxford und London, einer der Stifter der Royal Society
Clausius, Rudolf	(1822—1888)	Professor der Physik in Zürich, Würzburg und Bonn, begründete die mechanische Wärmetheorie
v. Dalberg, Karl Theodor	(1744—1817)	Fürstprimas des Rheinbundes und Großherzog von Frankfurt, nach 1803 Erzkanzler des Deutschen Reiches
Descartes, René	(1596—1650)	Als Philosoph, Mathematiker und Naturforscher der erste systematische Denker der Neuzeit
von Erthal, Franz Ludwig	(1730—1795)	Fürstbischof, Bruder des Kurfürsten Friedrich Karl Joseph von Erthal
Galilei, Galileo	(1564—1642)	Astronom, Mathematiker und Physiker, der größte Naturforscher Italiens; Verteidiger der Kopernikanischen Lehre
Gilbert, William	(1540—1603)	Arzt und Naturforscher in London. Frühe Experimente über den Magnetismus und über die Erscheinungen der Elektrizität
v. Goethe, Johann Wolfgang	(1749—1832)	Das Haupt der deutschen Klassik, als Naturforscher auf den Gebieten der idealistischen Morphologie und der Farbenlehre tätig
von Greiffenklau, Karl Philipp		Von 1699 bis 1719 Fürstbischof von Würzburg. Förderer der Medizinischen Fakultät
Grimaldi, Francesco	(1618—1663)	Mathematiker und Physiker in Bologna. Anfänge einer Theorie des Lichtes
v. Guericke, Otto	(1602—1686)	Bürgermeister von Magdeburg, Erfinder der Luftpumpe, Erbauer der ersten Elektrisiermaschine
v. Helmholtz, Hermann	(1821—1894)	Mediziner und Physiker, begründete das Energieprinzip und erfand den Augenspiegel; grundlegende Arbeiten zur Wellenmechanik, zur Elektro- und Thermodynamik
van Helmont, Johann Baptist	(1577—1644)	Jatrochemiker und Naturphilosoph, förderte die Lehre von den Heilquellen und Gasarten
Huygens, Christian	(1629—1695)	Physiker und Mathematiker in Den Haag und Paris. Erfinder der Pendeluhr, Begründer der Wellentheorie des Lichtes
Kepler, Johannes	(1571—1630)	Entdecker der Gesetze der Planetenbewegung. Grundlegung einer Himmelsmechanik
Kircher, Athanasius	(1601—1680)	Gelehrter in Würzburg, Avignon und Rom; umfangreiches mathematisch-physikalisches und altsprachlich-archäologisches Lebenswerk

Kirchhoff, Gustav Robert (1824—1887)	Professor für theoretische und Experimentalphysik in Heidelberg und Berlin. Mit Robert Bunsen Entdecker der Spektralanalyse
Leibniz, Gottfried Wilhelm (1646—1716)	Philosoph, Mathematiker, Naturforscher, Diplomat; Begründer und erster Präsident der Preußischen Akademie der Wissenschaften
Leurechon, Jean (1591—1670)	Mathematiker und Philosoph, sein Werk „Récréations mathématiques" 1636 von Schwenter ins Deutsche übersetzt
Mariotte, Edme (1620—1684)	Physiker in Dijon. Mitglied der Akademie der Wissenschaften zu Paris. Untersuchungen zur Physik der Gase und Strömungen
Neumann, Franz (1798—1885)	Physiker und Mineraloge in Königsberg; errichtete ein physikalisches Institut und arbeitete grundlegend in der Elektrizitätslehre und Kristallographie
Newton, Isaak (1643—1727)	Professor der Physik in Cambridge. 1703 Präsident der Royal Society in London, begründete mit seinen Axiomen und dem Gravitationsgesetz ein neues induktiv-mathematisches Weltbild der Naturwissenschaften
Porta, Giambattista della (1538—1615)	Naturforscher aus Neapel. Sein Hauptwerk: „Magia naturalis sive de rebus miraculis rerum naturalium libri IV" (1558)
von Schönborn, Johann Philipp (1605—1673)	Seit 1642 Fürstbischof von Würzburg; 1663 auch Bischof von Worms; nahm 1671 Leibniz in seinen Dienst
Schott, Caspar (1605—1666)	Professor der Physik und Nachfolger Kirchers in Würzburg. Bedeutender physiologischer Experimentator. Werke: Physica curiosa (1662), Technica curiosa (1664)
von Seinsheim, Adam Friedrich	Von 1755 bis 1779 Fürstbischof von Würzburg
v. Siemens, Werner (1816—1892)	Naturwissenschaftler, Ingenieur, bedeutender Industrieller auf dem Gebiet der Elektrotechnik. Erfinder des Zeigertelegraphen und der Dynamomaschine
Torricelli, Evangelista (1568—1647)	Physiker und Mathematiker in Rom und Florenz. Mitarbeiter Galileis. Barometrische Messungen, Erzeugung des Vakuums, Untersuchungen zur Hydrodynamik
Weber, Wilhelm (1804—1891)	Professor der Physik in Halle und Göttingen, Forschungen auf dem Gebiet der elektrodynamischen Maßbestimmung, Konstruktion einer Telegraphenanlage mit K. F. Gauss
Windelband, Wilhelm (1848—1915)	Professor der Philosophie in Zürich, Freiburg, Straßburg und Heidelberg. Werke zur Werttheorie und Kulturphilosophie, Einteilung der Wissenschaften nach ihren Methoden

SCHRIFTTUM

Boveri, Margret	Wilhelm Conrad Röntgen, in: Die Großen Deutschen. Deutsche Biographie	1957
Buchner, Max	Aus der Vergangenheit der Universität Würzburg. Festschrift zum 350jährigen Bestehen der Universität	1932
Darmstaedter, Ludwig	Naturforscher und Erfinder	1926
Descartes, René	Die Prinzipien der Philosophie. Unveränderter Nachdruck der dritten Aufl. von 1908	1955
Dessauer, Friedrich	Die Offenbarung einer Nacht	1943
Dessauer, Friedrich	Der Fall Galilei und wir	1943
Dessauer, Friedrich	Naturwissenschaftliches Erkennen	1958
Diepgen, Paul	Das physikalische Denken in der Geschichte der Medizin	1939
Dijksterhuis, E. J.	Die Mechanisierung des Weltbildes	1956
Gilbert, William	De magnete. Übersetzung „On the Magnet" in: The Collector's Series in Sciences. Edited by Derek J. Price. New York	1958
Glasser, Otto	Wilhelm Conrad Röntgen und die Geschichte der Röntgenstrahlen	1931
Glasser, Otto	Wilhelm Conrad Röntgen als Physiker, Röntgen-Blätter 5, 147—153	1952
Helmholtz, Hermann v.	Vorträge und Reden	
Jeans, James	Der Werdegang der exakten Wissenschaft	1948
Lange, Heinrich	Geschichte der Grundlagen der Physik	1954
Laue, Max v.	Geschichte der Physik	1946
Lossen, Heinz	Wilhelm Conrad Röntgen	1948
Planck, Max	Vorträge und Erinnerungen	1949
Ramsauer, Carl	Grundversuche der Physik in historischer Darstellung	1953
Röntgen, Wilhelm Conrad	Zur Geschichte der Physik an der Universität Würzburg	1894
Röntgen, Wilhelm Conrad	Friedrich Kohlrausch, Sitzungsber. Bayer. Akad. d. Wiss. Math.-physik. Kl., K. 40, Schluß-H. 16	1910
Rosenberger, Ferdinand	Die Geschichte der Physik	1882—1887
Siemens, Werner von	Lebenserinnerungen	1922
Windelband, Wilhelm	Geschichte und Naturwissenschaft. Rede zum Antritt des Rektorats der Kaiser-Wilhelm-Universität Straßburg	1900
Wölfflin, Ernst	Persönliche Erinnerungen an Wilhelm Conrad Röntgen, Ciba-Symposium 5, S. 111—116	1957